应急队伍教育培训
质量手册 下

国网宁夏电力有限公司 组编

贺 文 主编

中国电力出版社

CHINA ELECTRIC POWER PRESS

图书在版编目（CIP）数据

应急队伍教育培训质量手册：全 3 册 / 国网宁夏电力有限公司组编；贺文主编 . —北京：中国电力出版社，2023.11
ISBN 978-7-5198-7982-2

Ⅰ . ①应…　Ⅱ . ①国…②贺…　Ⅲ . ①电力工业–突发事件–安全管理–中国–手册 Ⅳ . ①TM08-62

中国国家版本馆 CIP 数据核字（2023）第 129299 号

出版发行：中国电力出版社
地　　址：北京市东城区北京站西街 19 号（邮政编码 100005）
网　　址：http://www.cepp.sgcc.com.cn
责任编辑：雍志娟
责任校对：黄　蓓　常燕昆
装帧设计：郝晓燕
责任印制：石　雷

印　　刷：三河市万龙印装有限公司
版　　次：2023 年 11 月第一版
印　　次：2023 年 11 月北京第一次印刷
开　　本：710 毫米×1000 毫米　16 开本
印　　张：25
字　　数：297 千字
印　　数：0001—1000 册
定　　价：120.00 元（全 3 册）

编　写　组

主　　编	贺　文			
副 主 编	何建剑	杨熠鑫	惠　亮	姚宗溥
编写人员	杨　宁	汪　毅	蒋惠兵	李　翔　张　扬
	何鹏飞	康晓锋	姜蓓蓓	熊　辉　杨长安
	王益坤	吕　鑫	张　雷	权婧琦　赵柏涛
	李芳敏	扈　毅	崔　波	张　宁　安文福
	王　宏	金玉林	刘世鹏	扈　斐　李　敏

前 言

　　以中国式现代化推进应急管理体系和能力建设，既是一项紧迫任务，又是一项长期任务。长期以来，以习近平同志为核心的党中央对应急管理工作高度重视，国家电网公司始终高度重视应急管理工作，认真贯彻落实党中央、国务院决策部署，全面落实各级安全责任，电网领域安全生产形势稳中向好。国家电网公司与应急管理部密切合作，深入推进电力大数据与应急管理融合应用，抓紧抓实抓好各项工作举措，支撑服务应急管理工作高质量发展。多年来，国网宁夏电力有限公司一直强调"要强化应急能力建设，组织开展应急技能竞赛，常态化开展专项实战演练，提升应急队伍能力，筑牢安全生产最后一道防线"。

　　推进实施电力应急队伍职业化建设，正确定位队伍在电力应急抢修、应急救援、应急教育和日常生产中的角色，以队伍管理、工作规程、评估管理三个方面为重点和突破点，构建应急队伍教育培训质量机制，实现应急队伍教育培训效益的最大化，促进队伍建设长远发展，为应急队伍集中培训和个人自主学习提供有力支撑，助力公司应急救援基干队伍建设的可持续发展，提高公司电力应急精准处置与救援能力，降低应急事件造成的影响和损失，对保障电网安全和可靠供电起到了重要作用。

　　应急队伍教育培训质量手册在编制过程中，参考了国内大量应急管理培训成果，得到了国内行业有关专家及公司领导的精心指导，在此一并致谢！

　　鉴于编者学识水平有限，手册中不足之处在所难免。在此恳请广大读者海涵，并赐教指正。

编　者

2023 年 10 月

目 录

中 册

下　　册

第 10 章

电力应急教育与培训评价

培训的目的是为了增强应急业务水平、提高决策能力改善团队协作、强化企业文化、优化战略执行，最终提高企业的应急竞争能力。因此，对培训的评估至关重要。只有充分、正确地评估培训效果，才能确保企业的培训投资能为增强企业的应急能力带来帮助，并对未来培训工作的安排提供指导意见。

10.1　评价模型

培训效果评估是指收集企业和受训者从培训当中获得的效果情况，以衡量培训是否有效的过程。这里主要介绍国内外运用最为广泛的柯克帕特里克（Kirkpatrick）的四层次评估模型，从评估的深度和难度将培训效果分为 4 个递进的层次一反应层、学习层、行为层、效果层。

10.1.1　反应层

反应层评估是指评估受训人员对培训项目的印象，包括其对培训科目、讲师设施、方法、内容、自己收获大小等方面的看法。反应层评估的主要方法是问卷调查。问卷调查是在培训项目结束时，收集受训人员对于培训项目的效果和有用性的反应，受训人员的反应对于重新设计或继续培训项目至关重要。问卷调查易于实施，通常只需要几分钟的时间。如果设计适当，问卷调查也很容易分析、制表和总结。问卷调查的缺点是数据的主观性较强，建立在受训人员在测试时的意见和情感之上，个人意见的偏差有可能夸大或缩小评定分数。其次，在培训课程结束前的最后一节课，受训人员对课程的判断容易受到经验丰富的培训协调员或培训机构领导者富有鼓动性总结发言的影响。这些都可能在评估时减弱受训人员原先对该课程的不好印象，从而影响评估结果的有效性。因此这个层次的评估可以作为改进培训内容、培训方式、教学进度等方面的建议或综合评估的参考，但不建议作为评估结果。

10.1.2　学习层

学习层评估是目前最常见最常用到的一种评价方式。它是测量受训人员对原理、技能、态度等培训内容的理解和掌握程度。学习层评估可以采用笔试、实地操作和工作模拟等方法来考查。培训组织者可以通过这些方法了解学员在培训前后，知识和技能的掌握有多大程度的提高。笔试是了解知识掌握程度最直接的方法，而对一些技能技术工作，如应急供电、帐篷搭建、配电抢修、高空救援、水域救援等实操，则可以通过应急演练或操作考核来了解他们技能掌握情况。另外，强调对学习效果的评价，也有利于增强学员的学习动机。

10.1.3　行为层

行为层的评估指评估受训人员培训后在实际岗位工作中行为的变化，以判断所学知识、技能对实际工作的影响。可以说，这是考查培训效果的最重要的指标。这往往发生在培训结束后的一段时间，通过由上级、同事、下属或客户观察受训人员的行为在培训前后是否有差别，是否在工作中运用了培训中学到的知识来完成。这个层次的评估可以包括受训人员的主观感觉、下属和同事对其培训前后行为变化的对比，以及受训人员本人的自评。这通常需要借助于一系列的评估表。这种评价方法要求人力资源部门建立与职能部门的良好关系，以便不断获得员工的行为信息。培训的月的，就是要改变员工工作中的不正确操作或提高他们的工作效果，因此，如果培训的结果是员工的行为并没有发生太大的变化，这就从一定程度上说明过去的培训是无效的。

10.1.4 效果层

效果层的评估上升到组织的高度，即判断培训是否对企业经营成果具有具体而直接的贡献。可以通过一些指标来衡量，如电力企业应急能力、电网应急企业应急能力和电力建设企业应急能力对企业生产经营、人员士气等的影响。通过对这些组织指标的分析，企业能够了解培训带来的收益。例如安全生产部门可以分析安全事故率的下降有多大程度归因于培训，从而确定培训对组织整体的贡献。

10.2 电力应急培训评估

10.2.1 培训师与组织者的评价内容

序号	一级指标（权重）	权重	二级指标
1	培训师授课	25%	理论知识水平
2			讲师联系实际的能力
3			讲解的条理性和逻辑性
4			教学过程的控制能力
5			课件（讲义）制作质量和效果
6	教学组织管理	25%	培训时间安排
7			场地设施安排
8			教学组织秩序
9			培训师教学态度
10			学员的受益程度

续表

序号	一级指标（权重）	权重	二级指标
11	课程设置	20%	课程安排的合理性
12			教学内容的充分性
13			培训教材的实用性
14			案例和习题的适应性
15	班主任	15%	班主任培训组织及接待
16			班主任各方面协调能力
17			班主任服务态度
18	培训服务	15%	住宿条件及服务
19			餐饮质量及服务
20			学习环境及日常服务

10.2.2 应急队伍教育与培训评估内容

（1）应急抢修队伍的培训评估指标。

序号	一级指标（权重）	二级指标	三级指标
1	基础知识（12%）	国家应急管理机制和要求、法律法规	了解国内外应急管理体制、机制、法制建设现状和《中华人民共和国安全生产法》《中华人民共和国突发事件应对法》等常用法律法规
2		电网企业突发事件预防与应对	掌握电网企业突发事件分类、预防和应对策略
3		电力安全工作规程	掌握 Q/GDW 1799（所有部分）中的输电、变电、配电、电网建设相关专业的规程、条款
4	专业知识（12%）	灾情勘察与报告、紧急避险	掌握灾情勘察和报告要点，掌握常用通信方式、安全防护要求和紧急避险措施

311

序号	一级指标 （权重）	二级指标	三级指标
5	专业知识 （12%）	现场紧急救护技术	了解现场救护的目的和意义及现场急救的原则，掌握常见意外伤害救助与防护方法
6		应急供电照明技术	掌握常用应急发电车、应急发电机、泛光灯等应急发电照明设备的原理、构造及使用维护方法，掌握应急供电接入流程及安全措施
7	相关知识 （8%）	应急心理调适	了解心理测评要素及心理训练目的、原则、原理，完成心理评估
8		户外生存技术	了解户外生存技术，掌握户外风险识别及野外生存技能
9	基本技能 （16%）	应急体能	掌握神经反应、力量、敏捷及速度训练方法，具备快速躲避危害的能力
10		紧急救护能力	掌握出血、扭伤、骨折、心脏骤停等紧急情况的处理原则及方法
11		应急供电照明能力	熟练使用应急发电车、应急发电机等应急电源装备，熟练使用高杆泛光灯等应急照明装备
12	专业技能 （40%）	行动营地搭建、运营与保障	了解营地消杀防疫方法，掌握营地选址、帐篷搭建、功能分区和营地运营技能
13		配电安装	掌握配电负荷计算、材料选取和配电安装方法，具备不同场景下配电网搭建能力等
14		输电线路员工脱困拯救	掌握绳索基础技能和救援技能，具备复杂场景绳索救援系统搭建能力
15		配电线路应急救援	了解配电救援危险点、防范措施和安全注意事项，掌握救援流程和作业方法
16		电缆隧道等有限空间脱困救援与抢修保障	了解有限空间定义及特点，掌握有限空间作业救援风险辨识、安全防护和救援能力
17		应急通信能力	掌握应急救援中所需应急通信各软、硬件的基本操作方法

续表

序号	一级指标（权重）	二级指标	三级指标
18	专业技能（40%）	应急驾驶能力	熟练驾驶各种路况下的陆地、水面交通工具，出现故障时能够脱困自救
19		水域救援能力	掌握落水人员的紧急救援和浮动码头的搭建技能
20		超重搬运能力	正确使用常用起重搬运设备和工具，正确使用吊装指挥信号
21		建筑物坍塌破拆搜救	了解建筑物倒塌的原因和范围，掌握建筑物安全评估及地震救援安全要求，掌握救援行动中的安全管理、风险评估、防范措施、场地控制、个人防护和救援能力
22		无人机操控与侦察	掌握无人机操控理论知识和图传系统操作技能，具备真机飞行和超视距无人机操控能力
23	相关技能（4%）	应急值班管理	了解应急值班员职责与定位，掌握不同时段应急值班工作要求，掌握应急队伍、装备管理工作要求
24	综合素养（8%）	职业道德	熟悉国家电网有限公司职工职业道德规范基本要求，掌握企业员工职业道德规范和岗位行为规范
25		企业文化	掌握企业文化一般概念、内容和功能，准确把握国家电网有限公司企业文化内涵

（2）应急救援队伍的培训评估指标。

序号	一级指标（权重）	二级指标	三级指标
1	基础知识（12%）	国家应急管理机制和要求、法律法规	了解国内外应急管理体制、机制、法制建设现状和《中华人民共和国安全生产法》《中华人民共和国突发事件应对法》等常用法律法规
2		电网企业应急管理	掌握电网企业应急管理体系和应急能力建设要求、应急管理风险源分析和应急救援关键点

313

续表

序号	一级指标（权重）	二级指标	三级指标
3	基础知识（12%）	电网企业突发事件预防与应对	掌握电网企业突发事件分类、预防和应对策略
4		电力安全工作规程	掌握 Q/GDW 1799（所有部分）中的输电、变电、配电、电网建设相关专业的规程、条款
5	专业知识（15%）	灾情勘察与报告、紧急避险	掌握灾情勘察和报告要点，掌握常用通信方式、安全防护要求、紧急避险措施与无人机驾驶能力
6		现场紧急救护技术	了解现场救护的目的和意义及现场急救的原则，掌握常见意外伤害救助与防护方法
7		应急供电照明技术	掌握常用应急发电车、应急发电机、泛光灯等应急发电照明设备的原理、构造及使用维护方法，掌握应急供电接入流程及安全措施
8		常用应急装备使用与维护技术	掌握常用应急装备使用、维护方法和安全注意事项
9		通用应急通信技术	掌握应急救援中所需的应急通信硬件、软件技术相关知识
10	相关知识（6%）	应急心理调适	了解心理测评要素及心理训练目的、原则、原理，完成心理评估
11		户外生存技术	了解户外生存技术，掌握户外风险识别及野外生存技能
12	基本技能（18%）	应急体能	掌握神经反应、力量、敏捷及速度训练方法，具备快速躲避危害的能力
13		紧急救护能力	掌握出血、扭伤、骨折、心脏骤停等紧急情况的处理原则及方法
14		应急供电照明能力	熟练使用应急发电车、应急发电机等应急电源装备，熟练使用高杆泛光灯等应急照明装备
15		常用应急装备使用与维护能力	熟练操作各类应急装备，掌握基本故障维修方法

序号	一级指标（权重）	二级指标	三级指标
16	基本技能（18%）	危机公关与媒体应对能力	了解危机管理的一般概述、机制构成，掌握与媒体、记者沟通的要点和原则，掌握突发事件中应对媒体的黄金法则
17		行动营地搭建、运营与保障	了解营地消杀防疫方法，掌握营地选址、帐篷搭建、功能分区和营地运营技能
18	专业技能（36%）	输电线路员工脱困拯救	掌握绳索基础技能和救援技能，具备复杂场景绳索救援系统搭建能力
19		配电线路应急救援	了解配电救援危险点、防范措施和安全注意事项，掌握救援流程和作业方法
20		电缆隧道等有限空间脱困救援与抢修保障	了解有限空间定义及特点，掌握有限空间作业救援风险辨识、安全防护和救援能力
21		应急通信能力	掌握应急救援中所需应急通信各软、硬件的基本操作方法
22		应急驾驶能力	熟练驾驶各种路况下的陆地、水面交通工具，出现故障时能够脱困自救
23		水域救援能力	掌握落水人员的紧急救援和浮动码头的搭建技能
24		超重搬运能力	正确使用常用起重搬运设备和工具，正确使用吊装指挥信号
25		建筑物坍塌破拆搜救	了解建筑物倒塌的原因和范围，掌握建筑物安全评估及地震救援安全要求，掌握救援行动中的安全管理、风险评估、防范措施、场地控制、个人防护和救援能力
26		无人机操控与侦察	掌握无人机操控理论知识和图传系统操作技能，具备真机飞行和超视距无人机操控能力
27	相关技能（5%）	应急救援基干分队管理	抓好应急救援基干分队基础管理和安全管理，组织开展应急救援工作
28	综合素养（9%）	职业道德	熟悉国家电网有限公司职工职业道德规范基本要求，掌握企业员工职业道德规范和岗位行为规范

续表

序号	一级指标（权重）	二级指标	三级指标
29	综合素养（9%）	企业文化	掌握企业文化一般概念、内容和功能，准确把握国家电网有限公司企业文化内涵
30		技能培训与传授技艺	具有较强的传授技艺的技能和能力，能对应急队伍人员进行现场培训、指导，能组织开展本专业人员技能培训、岗位练兵

（3）应急专家队伍的培训评估指标。

序号	一级指标（权重）	二级指标	三级指标
1	基础知识（16%）	国家应急管理机制和要求、法律法规	了解国内外应急管理体制、机制、法制建设现状和《中华人民共和国安全生产法》《中华人民共和国突发事件应对法》等常用法律法规
2		电网企业应急管理	掌握电网企业应急管理体系和应急能力建设要求、应急管理风险源分析和应急救援关键点
3		电网企业突发事件预防与应对	掌握电网企业突发事件分类、预防和应对策略
4		应急保障工作	掌握应急物资保障、应急综合服务保障
5	专业知识（24%）	安全生产应急组织体系	熟悉领导决策层、管理部门、职能部门、应急救援队伍、民间组织及志愿者的主要应急管理职责与任务
6		安全生产应急体系运行机制	熟悉日常管理机制、经费保障机制、预测预警机制、应急响应机制、信息发布机制
7		安全生产应急体系主持保障系统	熟悉通信信息系统、技术支持系统、物资与装备保障系统、培训演练系统
8		生产安全事故应急预案	了解生产安全事故应急预案体系组成；熟悉综合应急预案、专项应急预案和现场处置方案的基本要求

续表

序号	一级指标（权重）	二级指标	三级指标
9	专业知识（24%）	应急预案体系	应急预案的编制、评审、发布与备案、修订与更新
10		灾情勘察与报告、紧急避险	掌握灾情勘察和报告要点，掌握常用通信方式、安全防护要求和紧急避险措施
11	相关知识（8%）	应急心理调适	了解心理测评要素及心理训练目的、原则、原理，完成心理评估
12		应急科技与创新	了解应急管理发展规划与应急科技创新发展规划
13	基本技能（8%）	应急演练	掌握应急演练的计划、准备、实施、评价与总结
14		危机公关与媒体应对能力	了解危机管理的一般概述、机制构成，掌握与媒体、记者沟通的要点和原则，掌握突发事件中应对媒体的黄金法则
15	专业技能（12%）	典型事故应急管理案例分析	掌握典型应急管理成功经验
16		安全风险排查治理	掌握风险排查、安全隐患排查治理、重大危险源辨识
17		应急管理能力评估	应急管理能力的评估方法、评估指标、评估过程
18	相关技能（12%）	应急救援基干分队管理	抓好应急救援基干分队基础管理和安全管理，组织开展应急救援工作
19		应急演练组织与管理能力	掌握桌面推演和实战演练方法，组织开展无脚本和有脚本的综合、单项演练，根据演练评估结果开展改进提升
20		应急平台建设	应急平台建设的总体目标、基本原则、基本功能、运行管理、场所建设等
21	综合素养（20%）	职业道德	熟悉国家电网有限公司职工职业道德规范基本要求，掌握企业员工职业道德规范和岗位行为规范
22		企业文化	掌握企业文化一般概念、内容和功能，准确把握国家电网有限公司企业文化内涵

续表

序号	一级指标（权重）	二级指标	三级指标
23		沟通技巧与团队建设	掌握团队的定义、种类、作用和团队建设原则，掌握冲突的概念及解决技巧
24	综合素养（20%）	电力应用文	掌握电力应急应用文的写作格式和特点，掌握规范性公文的撰写方法
25		技能培训与传授技艺	具有较强的传授技艺的技能和能力，能对应急队伍人员进行现场培训、指导，能组织开展本专业人员技能培训、岗位练兵

附件：制度文件

国家电网有限公司安全教育培训工作规定

第一章　总　　则

第一条　为加强和规范国家电网有限公司（以下简称"公司"）安全教育培训工作，推进本质安全建设，提高从业人员安全素质和防护能力，防范伤亡事故，减轻职业危害，依据《中华人民共和国安全生产法》等法律法规、行政规章、标准规范和公司有关要求，制定本规定。

第二条　落实企业安全教育培训主体责任，牢固树立"培训不到位是重大安全隐患"的意识，建立健全各级安全教育培训体系和工作机制，并充分发挥其作用。

第三条　坚持"管业务必须管安全""管安全必须管安全教育培训"的原则，执行先培训后上岗制度。所有从业人员上岗前必须经过安全教育培训并考核合格。从事国家规定的技术工种（职业）工作，必须按照《国家职业资格目录》取得相应的职业资格证书方可上岗。

第四条　建立安全教育培训管理制度和专（兼）职培训师队伍，足额保障安全教育培训投入和必备的场所、设备设施，建立健全企业和从业人员个人安全教育培训档案。

第五条　从业人员应当接受安全教育培训，掌握本职岗位工作所需的安全知识，知悉自身在安全生产方面的权利和义务，提高安全意识和安全技能，增强事故预防和应急处理能力。

第六条　本规定适用于公司总（分）部及所属各单位、各集体企业安全教育培训工作。公司所属参股、代管单位参照执行。

第二章　工　作　体　系

第七条　健全落实以企业主要负责人负总责、领导班子成员"一岗双责"为主要内容的安全教育培训责任体系。建立覆盖总（分）部、省、地市、县公司和班组（所、站、队）各层级的安全教育培训工作体系。

第八条　各级人力资源管理部门是教育培训管理工作的归口管理部门，应将安全教育培训纳入本单位年度教育培训计划，保证安全教育培训项目和经费。

第九条　各级专业管理部门是本专业领域安全教育培训主体责任部门，负责业务范围内安全教育培训，制定并实施专业领域安全教育培训计划。

第十条　各级安全监督管理部门负责协调、指导、监督、评价、考核本单位安全教育培训工作，组织汇总编制年度安全教育培训计划并督促实施。

第十一条　公司总（分）部主要职责

（一）贯彻落实国家和行业有关安全教育培训工作的方针政策、法律法规、行政规章、标准规范。

（二）组织制定公司安全教育培训工作规章制度。

（三）建立健全公司安全教育培训工作机制、工作体系和培训档案。

（四）制定公司安全教育培训规划。

（五）统筹公司安全教育培训场所、专（兼）职培训师资队伍的建设。

（六）组织编写、开发安全教育培训教材、课件、题库和案例等。

（七）定期组织省（区）公司级领导干部、安全生产管理部门负责人安全教育培训和考试。

（八）组织开展安全知识、安全技能、应急处置等专项教育活动。

（九）对所属各单位安全教育培训工作进行检查、评价和考核。

第十二条　省（区）公司级单位主要职责

（一）贯彻执行国家和上级有关安全教育培训的方针政策、法律法规、行政规章、标准规范和文件要求。

（二）编制并实施年度安全教育培训计划。

（三）负责省（区）公司级安全教育培训设施、专（兼）职培训师资建设，定期开展省（区）公司级、地市公司级安全教育培训师的培训。

（四）定期组织本部安全生产管理人员及地市公司级单位领导、安全生产部门负责人安全教育培训和考试。

（五）组织开展安全知识、安全技能、应急处置等专项教育活动。

（六）建立健全企业安全教育培训档案，如实记录安全教育培训时间、内容、参加人员和考试考核结果等。

（七）指导、检查、评价和考核所属各单位安全教育培训工作。

第十三条　地市公司级单位主要职责

（一）落实国家和上级安全教育培训的方针政策、法律法规、行政规章、标准规范和文件要求。

（二）编制并实施年度安全教育培训计划。

（三）负责本单位安全教育培训设施、专（兼）职培训师资建设，定期开展本单位安全教育培训师的培训。

（四）定期组织本部安全生产管理人员及县公司级单位领导、安全生产部门负责人安全教育培训和考试。

（五）组织全员公共安全教育培训。

（六）组织对新工艺、新技术、新设备、新材料有关安全知识进行专题培训。

（七）建立健全企业安全教育培训档案，如实记录安全教育培训时间、内容、参加人员及考试考核结果等，评估培训成效。

（八）指导、检查、评价和考核所属各单位、部门、班组安全教育培训工作。

第十四条 县公司级单位（中心、专业室、车间、分场、分部等）主要职责

（一）落实国家和上级安全教育培训的方针政策、法律法规、行政规章、标准规范和文件要求。

（二）编制并实施年度安全教育培训计划。

（三）定期组织安全生产管理人员及班组负责人、安全员、技术员安全教育培训和考试，开展检查、评价和考核。

（四）组织全员公共安全教育培训。

（五）建立健全企业安全教育培训档案，如实记录各级安全教育培训时间、内容、参加人员及考试考核结果等，评估培训成效。

第十五条 班组主要职责

（一）落实上级安全教育培训有关制度和要求。

（二）组织开展安全教育培训和考试。

（三）建立健全个人安全教育培训档案，如实记录安全教育培训时间、内容、参加人员及考试考核结果等。

第三章 培 训 内 容

第十六条 企业主要负责人。应具备与本企业所从事的生产经营活动相适应的安全知识与管理能力，自主学习及参加相关培训，

主要包括以下内容：

（一）国家和上级有关安全生产的方针政策、法律法规、规章制度、标准规范等；

（二）安全生产管理知识；

（三）安全风险管控、隐患排查治理、生产事故防范、职业危害及其预防措施；

（四）应急管理、应急预案以及应急处置知识；

（五）事故调查处理有关规定；

（六）典型事故和应急救援案例分析；

（七）国内外先进的安全生产管理经验；

（八）其他需要培训的内容。

第十七条 安全生产管理人员。应具备与本岗位相适应的安全知识和管理能力，自主学习及参加相关安全教育培训，主要包括以下内容：

（一）国家和上级有关安全生产的方针政策、法律法规、规章制度、标准规范等；

（二）安全生产管理、安全生产技术、职业卫生等知识；

（三）安全风险分析、评估、预控和隐患排查治理知识；

（四）应急管理、应急预案以及应急处置要求；

（五）工作票（作业票）、操作票管理要求及填写规范；

（六）典型事故和应急救援案例分析；

（七）事故调查处理有关规定，伤亡事故统计、报告及职业危害的调查处理方法；

（八）国内外先进的安全生产管理经验；

（九）其他需要培训的内容。

第十八条 新入职人员。应逐级集中进行安全教育培训，安全教育培训内容应符合公司教育培训管理规定，主要包括以下内容：

（一）本单位安全生产情况；

（二）安全基本知识；

（三）安全生产规章制度、安全规程和劳动纪律；

（四）从业人员安全生产权利和义务；

（五）紧急救护知识，特别是触电急救；

（六）作业场所和工作岗位存在的危险因素、防范措施以及事故应急措施；

（七）网络信息安全知识；

（八）消防安全知识和消防器材的使用方法；

（九）典型违章、有关事故案例等；

（十）其他需要培训的内容。

第十九条 新上岗（转岗）人员。应根据工作性质对其进行岗前安全教育培训，保证其具备岗位安全操作、紧急救护、应急处理等知识和技能，主要包括以下内容：

（一）安全生产规章制度和岗位安全规程；

（二）所从事工种可能遭受的职业伤害和伤亡事故；

（三）所从事工种的安全职责、操作技能及强制性标准；

（四）工作环境、作业场所和工作岗位存在的危险因素、防范措施以及事故应急措施；

（五）自救互救、急救方法、疏散和现场紧急情况处理；

（六）安全设备设施、安全工器具、个人防护用品的使用和维护；

（七）典型违章、有关事故案例；

（八）安全文明生产知识；

（九）其他需要培训的内容。

第二十条 在岗生产人员。每年接受安全教育培训，主要包括以下内容：

安全生产规章制度和岗位安全规程；

新工艺、新技术、新材料、新设备安全技术特性及安全防护措施；

安全设备设施、安全工器具、个人防护用品的使用和维护；

作业场所和工作岗位存在的危险因素、防范措施以及事故应急措施；

典型违章、安全隐患排查治理、事故案例；

职业健康危害与防治；

其他需要培训的内容。

第二十一条　班组长、安全员、技术员。每年接受安全教育培训，主要包括以下内容：

（一）安全生产法规规章、制度标准、操作规程；

（二）安全防护用品、作业机具、工器具使用与管理；

（三）作业场所和工作岗位存在的危险因素、防范措施以及事故应急措施；

（四）作业标准化安全管控相关知识；

（五）工作票（作业票）、操作票管理要求及填写规范；

（六）安全隐患排查治理、违章查纠等相关知识；

（七）现场应急处置方案相关要求；

（八）有关的典型事故案例；

（九）其他需要培训的内容。

第二十二条　工作票（作业票）、操作票相关资格人员。地市公司级、县公司级单位每年应对工作票（作业票）签发人、工作许可人、工作负责人（专责监护人）、倒闸操作人、操作监护人等进行专项培训，并经考试合格、书面公布。主要包括以下内容：

（一）安全工作规程、现场运行规程和调度、监控运行规程等；

（二）工作票（作业票）、操作票管理要求及填写规范；

（三）作业场所和工作岗位存在的危险因素、防范措施以及事故应急措施；

（四）作业标准化安全管控相关知识；

（五）典型违章、安全隐患排查治理、违章查纠等相关知识；

（六）其他需要培训的内容。

第二十三条　电力建设施工企业主要负责人和安全生产管理人员，应按照政府主管部门和上级单位的要求，进行安全生产知识和管理能力考核并合格，依法取得国家规定的相应资格，自主学习并参加相关培训，主要包括以下内容：

（一）国家和上级有关工程建设安全生产的方针政策、法律法规、规章制度、标准规范等；

（二）工程建设安全管理、安全生产技术、标准化作业、职业卫生、安全文明施工等相关知识；

（三）工程建设安全风险识别、评估、预控，重大危险源管理、事故防范等知识；

（四）大型施工机械、施工器具、安全设施、安全工器具、个人防护用品的安全管理要求；

（五）应用的新技术、新装备、新材料、新工艺有关安全知识；

（六）应急管理、应急处置方案的编制和演练；

（七）事故调查处理有关规定，伤亡事故统计、报告及职业危害的调查处理方法；

（八）典型事故和应急救援案例分析；

（九）国内外先进的工程建设安全管理经验；

（十）其他需要培训的内容。

第二十四条　工程项目部相关管理人员。应具备与所从事的工程项目建设相适应的安全知识与管理能力，依法取得国家规定的相应资格，自主学习并参加相关培训，主要包括以下内容：

（一）国家和上级有关工程建设安全生产的方针政策、法律法规、规章制度、标准规范等；

（二）工程建设安全生产管理、安全生产技术、标准化作业、职业卫生、安全文明施工等相关知识；

（三）工程建设安全风险识别、评估、预控，作业场所和工作岗位存在的危险因素、防范措施以及事故应急措施；

（四）大型施工机械、施工器具、安全设施、安全工器具、个人防护用品的检查、使用、维护等安全管理要求；

（五）施工中应用的新技术、新装备、新材料、新工艺有关安全知识；

（六）现场应急管理、应急处置方案的编制和演练；

（七）事故调查处理有关规定，伤亡事故统计、报告及职业危害的调查处理方法；

（八）典型违章、事故和应急救援案例分析；

（九）国内外先进的工程建设安全管理经验；

（十）其他需要培训的内容。

第二十五条　特种作业人员。必须按照国家规定的培训大纲，接受与本工种相适应的、专门的安全技术培训，经考核合格取得《特种作业操作证》，并经单位书面批准方可参加相应的作业。离开特种作业岗位 6 个月的作业人员，应重新进行实际操作考试，经确认合格后方可上岗作业。

第二十六条　特种设备作业人员。必须按照国家规定的培训大纲，接受与本工种相适应的、专门的安全技术培训，经考核合格取得《特种设备作业人员证》，并经单位批准方可从事相应作业或管理工作。

第二十七条 劳务派遣人员。使用劳务派遣人员的单位，应当将其纳入本单位从业人员统一管理，对劳务派遣人员进行岗位安全规程和安全操作技能的教育培训和考试。劳务派遣单位应对劳务派遣人员进行必要的安全教育培训。

第二十八条 外来工作人员。使用单位应对劳务分包、厂家技术支持等人员进行必要的安全知识和安全规程的培训，如实告知作业场所和工作岗位存在的危险因素、防范措施以及事故应急措施，并经设备运维管理单位认可后方可参与指定工作。

第二十九条 各单位应每年对应急救援基干分队、应急抢修队伍、应急专家队伍人员，开展应急理论、应急预案和相关技能培训。

第三十条 各单位应每年至少开展一次交通、消防、应急避险、网络信息等公共安全知识为主要内容的全员培训。

第四章 培 训 方 式

第三十一条 各单位应采用集中培训、技能实训、现场培训、在岗自学、仿真培训、远程培训等方式，开展形式多样的安全教育培训。

（一）集中培训。各单位应自行组织或委托专业培训机构开展集中式脱产培训，结果纳入安全教育培训档案。

（二）技能实训。各单位应对所有生产技能人员，开展针对性的安全技能实训，详细记录培训过程及结果。

（三）现场培训。各单位应结合现场设备、作业环境等实际情况，开展针对性、示范性、互动式安全教育培训。

（四）在岗自学。员工在岗期间应积极主动自学安全知识，跟踪学习最新法规规章和安全技术标准。

（五）仿真培训。各单位应采用仿真技术手段对水电、变电、调控、特种作业等人员，定期进行安全教育培训。

（六）远程培训。各单位应充分利用公司网络大学广泛实施远程安全教育培训，及时更新网络培训资源，实行网络培训学时学分制。

（七）跟班实习。新上岗人员应指定专人负责，采取"师带徒"、轮班实习等方式进行跟班学习。

第三十二条　各单位应定期组织安全考试，实行从业人员安全考试全覆盖，结果纳入安全教育培训档案。

（一）各单位应每年至少组织一次生产人员安全规程的考试，并对考试情况进行通报；

（二）省（区）公司级单位领导、安全监督管理机构负责人按要求参加公司和政府有关部门组织的安全法律法规考试；

（三）省（区）公司级单位对本部生产管理部门负责人和专业人员，对所属地市级单位的领导干部、生产管理部门负责人，每年进行一次有关安全法律法规和规章制度考试；

（四）地市公司级单位对本单位生产管理部门负责人及专业人员、二级机构负责人、县公司级单位及其生产管理部门负责人，每年进行一次有关安全法律法规、规章制度、规程规范考试；

（五）地市公司级单位二级机构、县公司级单位每年至少组织一次对班组人员的安全规章制度、规程规范考试；

（六）各单位应定期对全体从业人员开展交通、消防、应急避险、网络信息等公共安全知识考试。

第五章　基　础　保　障

第三十三条　安全教育培训场所设施。

（一）公司总（分）部。依托国网管理学院、高培中心、技术学院和应急培训基地等公司级培训机构，满足各级各类人员安全教育培训所需的培训室、实训场地。

（二）省（区）公司级单位。统筹现有培训资源，坚持与生产现场同步、适度超前原则，加强安全实训设备、设施建设，具备满足从业人员安全教育培训所需的固定场所（地）和仿真培训、技能实训、安全体感等功能。

（三）地市公司和县公司级单位。按地域性质和实际需要，可利用本单位或联合其他单位已有培训资源，设立实操技能训练室，满足安全基础知识、安全警示教育、触电急救实训、安全技能实训、应急处置等培训需要。

第三十四条 安全教育培训师资队伍。各单位应建立省（区）公司级、地市公司级专（兼）职安全教育培训师资队伍，专（兼）职培训师应当接受专门的培训，考核合格后方可上岗。专（兼）职安全培训师每年需接受再培训。鼓励聘任注册安全工程师担任安全培训师。

第三十五条 安全教育培训网络学习资源。根据安全生产法规规章、标准规程，公司统一组织各单位有序开发，定期完善结构化网络学习资源（培训规范、教材、题库、课件、案例等），建立知识共建共享机制。

第三十六条 安全教育培训档案管理。公司统一安全教育培训档案管理，规范企业和从业人员个人安全教育培训档案（见附表一、二），如实记录，建档备查。

第三十七条 安全教育培训经费和项目。

（一）安全教育培训经费使用应依据相关法律规定。列入年度教育培训计划的各类项目应在员工教育培训经费中列支。列入安全费的安全技能、应急演练等安全培训应从安全费用中足额列支。在实施技术改造和项目引进时，要专门安排安全教育培训资金。

（二）安全教育培训项目以及场所（地）、设施建设，按照项目管理相关规定，实行项目储备、可研评审、立项实施、验收评估全过程闭环管理。

第六章　监　督　检　查

第三十八条　安全教育培训监督检查实行上级督查，同级督办的工作机制。

第三十九条　各级人资部门应对安全教育培训项目实施情况进行监督检查。各级专业管理部门对本专业领域安全教育培训工作开展情况监督检查。

第四十条　各级安全监督管理部门根据上级部署和年度安全教育培训工作安排，通过日常检查和专项督查等方式，督促落实本规定。

第四十一条　安全教育培训监督检查主要内容应包括：

附录 A　安全教育培训管理制度、计划制定及实施情况；

附录 B　安全教育培训经费投入和使用情况；

附录 C　安全教育培训场所（地）、设施、专（兼）职安全培训师队伍建设情况；

附录 D　各单位主要负责人、安全生产管理人员及其他从业人员安全教育培训、考试情况；

附录 E　特种作业人员、特种设备作业人员培训及持证上岗情况；

附录 F　新上岗人员培训及转岗人员再培训情况；

附录 G　新工艺、新技术、新材料、新设备使用前对相关人员专项培训情况；

附录 H　安全教育培训档案建立及规范记录情况；

附录 I　抽考安全生产应知应会知识；

附录 J　其他需要检查的内容。

第七章　评　价　考　核

第四十二条　各级单位安全监督管理部门是本单位安全教育培训评价考核的责任部门。

第四十三条　安全教育培训实施单位应对安全教育培训全过程开展效果评估，持续提高安全教育培训质量。

第四十四条　各级单位对安全教育培训工作中的先进单位和个人给予表彰和奖励，对安全教育培训工作中存在问题的单位和个人通报批评和考核。

第四十五条　对应持证未持证或者未经培训就上岗的人员，一律先离岗、培训持证后再上岗。

第四十六条　对各类生产安全责任事故，一律倒查安全教育培训、考试等工作落实不到位的责任。对因未培训、假培训或者应持证未持证上岗人员直接责任引发事故的，按照相关规定进行责任追究。

第八章　附　　则

第四十七条　安全教育培训是指企业为提高从业人员安全技术水平和事故防范能力，依据法律法规、规章制度，开展的安全知识和安全技能教育培训。

第四十八条　企业主要负责人是指公司总（分）部及省、市、县公司级企业的党政主要负责人；安全生产管理人员是指各级单位分管安全生产的负责人、安全总监、安全生产管理机构负责人及其管理人员等；其他从业人员是指除主要负责人、安全生产管理人员和特种作业人员以外，从事安全生产经营活动的所有人员。

第四十九条　工程项目部包括业主、监理、施工项目部；工程项目部管理人员是指业主项目部经理、安全、质量、技术专责，监理项目部总监、总监代表、专业监理工程师、安全监理工程师、监理员，施工项目部经理、项目总工、技术员、安全员、质检员等。

第五十条　本规定由国家电网有限公司安全监察部负责解释。

第五十一条　本办法自 2019 年 10 月 18 日起施行。

附表 1：

企业安全教育培训档案（模板）

单位名称					
年度					
安全教育培训记录					
序号	培训日期	培训内容	培训方式	参加人员	考核结果

填写说明：

1. 各单位应建立企业安全教育培训档案。

2. 企业安全教育培训档案应准确记录安全教育培训情况（考核结果应附成绩表）。

3. 企业安全教育培训档案由本单位安全监督管理部门负责填写、管理和存档

附表 2:

从业人员安全教育培训档案（模板）

单位			部门 （班组）			
姓名		学历		性别		出生年月	
岗位		工作时间		技术职称		技能等级	
专业		信息变动 情况					

证书获得情况

序号	证书名称	发证机构	取证时间	有效期	备注

安全教育培训记录

序号	培训日期	培训内容	培训 方式	培训 层级	考核结果

填写说明:
1. 各单位应建立从业人员安全教育培训档案，一人一档。
2. 从业人员安全教育培训档案应及时更新，准确记录安全教育培训情况。
3. 从业人员安全教育培训档案由所在单位、部门、班组专人管理，培训及考核情况本人确认签字。
4. 内部调动时，从业人员安全教育培训档案随同本人转到被调入单位

第11章

电力应急能力评估指标体系

11.1　电力应急能力评估指标构建理念

11.1.1　四阶段理论

　　应急能力评估指标体系要与应急管理的四阶段理论或周期理论相适应，以理论指导实践。四阶段理论在电力企业的应用如图 11－1 所示。

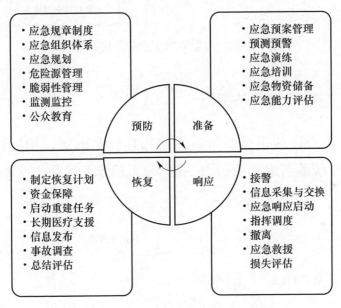

图 11－1　四阶段理论在电力企业的应用

11.1.2　典型电力企业应急体系建设

　　应急能力评估指标体系要与企业自身的应急体系建设相适应。应急能力评估的目的是反映企业应急体系建设的成效，并且进一步指导和完善应急体系建设，因此应避免与实际应急工作割裂开来。

337

典型电力企业应急体系建设如图 11－2 所示。

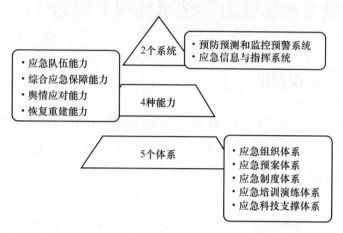

图 11－2　典型电力企业应急体系建设

11.1.3　应急能力评估指标

应急能力评估指标要与后续的指标权重确定、指标评估方法等相适应，统筹考虑。可采用的指标权重确定及评估方法如图 11－3 所示。

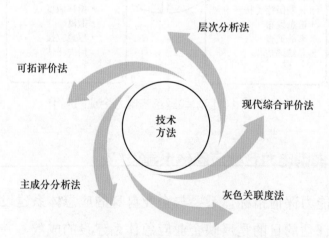

图 11－3　可采用的指标权重确定及评估方法

11.1.4　应急能力评估指标的"动静结合"

应急能力评估指标要"静、动结合",即静态指标和动态指标相结合。事实上,能最终反映应急能力的是应急处置,应急体系建设的目标也是通过高效的应急处置来反映,因此要加强对应急处置环节动态指标的设计。

11.2　电力应急能力评估指标构建方法

应急管理是对突发事件全过程的动态管理过程,因此应急能力评估也应是全过程的。应急能力评估主要用于评估资源准备状况的充分性和从事应急救援活动所具备的能力,并明确应急救援的需求和不足,以便及时采取完善的纠正措施。由于电力应急管理是一个错综复杂的系统工程,影响电力企业应急能力的因素较多,其评估过程必须采取系统的科学方法。

遵循应急能力评估指标体系设置的基本原则及思想,借鉴国内外专家学者的研究成果,结合电力系统应急管理的行业特点,按照应急管理四阶段,即预防、准备、响应、恢复,综合采用现代综合评价研究方法,包括事故树分析法、层次分析法、统计分析法等,采集基础数据、选择评估指标,尝试构建电力系统突发事件应急能力评估指标体系。拟构建的电力系统应急能力评估指标体系构建方法技术路线如图 11 – 4 所示。

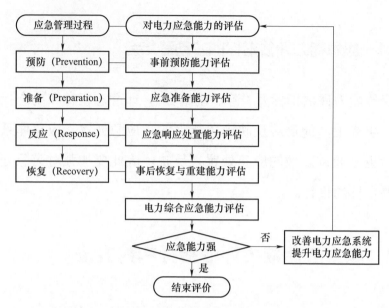

图 11-4 电力应急能力综合评价体系构建技术路线

11.3 电力应急能力评估指标的组成

电力应急能力评价内容的设定在构成要素上必须涵盖从自然因子到社会因子、从制度设计到公众行为、从工程能力到组织效能、从硬件条件到软件条件、从人力资源到体制等多种有形和无形要素。

因此，要全面系统评价电力应急能力，必须综合从技术、工程、管理、环境等多方面展开。电力应急能力评估指标的构成包括发电企业和电网系统。通过提取反映风险点的信息指标，根据事故树分析法的分析，将电力系统突发事件应急能力作为总指标，将应急管理四环节作为电力评价指标体系的 A 级指标，应用层次分析法进行层层分解，分为 A 级指标、B 级指标和 C 级指标。

总指标到 A 级应急能力指标构建结构如图 11-5 所示。

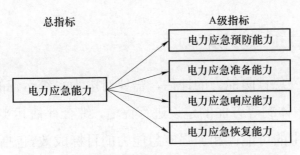

图 11-5　电力应急能力 A 级评估指标构建

B 级指标为 A 级指标的进一步分解内容；指标体系的最后一层指标为 C 级指标，这层指标即对应电力突发事件事故树的基本事件和主要风险点。拟构建的电力应急能力评估指标体系如图 11-6 所示。

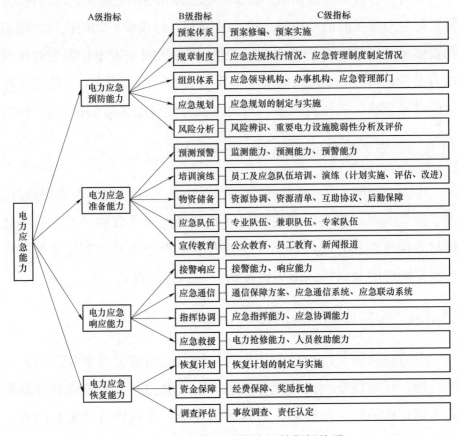

图 11-6　电力应急能力评估指标体系

11.3.1 电力应急预防能力

对电力应急预防能力的评估，需要对电力系统运营的应急资源、设施、预案、体制等方面的建设进行评估，综合评估其实现排除导致突发事件发生的可能性和加强应急能力的目标成效。包括发电企业和电网系统应急预防能力，侧重于对突发事件发生时保证电力设备正常运行、人员的安全等而制定的预案体系、规章制度及组织体系等。

11.3.2 电力应急准备能力

电力应急准备能力评估，包括发电企业和电网系统应急准备能力。需要对电力系统的监测内外危机、预警发布与预警行动的执行、应急物资储备及宣传教育等能力进行评估，侧重于对突发事件发生时保证电力设备正常运行、人员的安全等而采取的一系列设备、设施安全和为应对紧急状况的物资准备、人力准备等建设而采取的措施的评估。

11.3.3 电力应急响应能力

电力应急响应能力的评估，是针对电力系统在突发电力事故时，为了抢救人员、设备，将受损程度减到最低而采取的一系列应急处置与救援措施和行动的评估。主要考察电力系统发生突发事故时启动预案响应的及时性、适当性及响应的执行状况。

11.3.4 电力应急恢复能力

电力应急恢复能力评估是指为了使电力系统突发事故后的人、机、物、环境恢复到正常运作状态，而采取的一系列措施和行动所能达到目标的能力的评估，对其评价包括：受损设备的恢复能力、事故受损的恢复能力和外部环境的恢复能力。

附件：制度文件

电力企业应急能力建设评估管理办法

第一章　总　　则

第一条　为加强电力应急管理制度化、规范化和标准化建设，提高电力突发事件应对能力，依据《中华人民共和国安全生产法》《中华人民共和国突发事件应对法》《电力安全事故应急处置和调查处理条例》等法律、行政法规，制定本办法。

第二条　电力企业应急能力建设评估（以下简称"应急能力建设评估"）是指以电力企业为评估主体，以应急能力建设和提升为目标，对突发事件综合应对能力进行评估，查找应急能力存在的问题和不足，指导电力企业建设完善应急体系的过程。

第三条　本办法原则上适用于省级及以上区域发电集团公司、300 兆瓦及以上火力发电企业、50 兆瓦及以上水力发电企业，各省（自治区、直辖市）电力（电网）公司、各市（地、州、盟）供电公司以及电力建设企业。其他类型电力企业可参照本办法自行开展评估。

第四条　应急能力建设评估工作遵循行业指导、企业自主、分类量化、持续改进的原则。对涉及国家机密的，应当严格按照国家保密规定进行管理。

第五条　国家能源局负责组织制修订应急能力建设评估标准规范，对应急能力建设评估工作进行监督和指导。国家能源局派出机构、地方电力管理部门负责对辖区内应急能力建设评估工作进行监督和指导。电力企业应当制定完善应急能力建设评估规章制度，明确管理部门、职责和目标考核要求，保障工作有效落实。

第六条 电力企业应当滚动开展应急能力建设评估工作，原则上评估周期不超过 5 年。电力企业应急预案修订涉及应急组织体系与职责、应急处置程序、主要处置措施、事件分级标准等重要内容的，或重要应急资源发生重大变化时应当及时开展评估。

第二章 评估内容和方法

第七条 应急能力建设评估内容参照最新有效的《电网企业应急能力建设评估规范》《发电企业应急能力建设评估规范》《电力建设企业应急能力建设评估规范》。

第八条 应急能力建设评估应当以应急预案和应急体制、机制、法制为核心，围绕预防与应急准备、监测与预警、应急处置与救援、事后恢复与重建四个方面开展。

第九条 预防与应急准备方面包括法规制度、规划实施、组织体系、预案体系、培训演练、应急队伍、指挥中心等。监测与预警方面包括事件监测、预警管理等。应急处置与救援方面包括先期处置、应急指挥、现场救援、信息报送和发布、舆情应对等。事后恢复与重建方面包括后期处置、处置评估、恢复重建等。

第十条 应急能力建设评估应当以静态评估和动态评估相结合的方法进行。静态评估应当对电力企业应急管理相关制度文件、物资装备等体系建设方面相关资料进行评估，主要方式包括检查资料、现场勘查等。动态评估应当重点考察电力企业应急管理第一责任人及相关人员对本岗位职责、应急基本常识、国家相关法律法规等的掌握程度，主要方式包括访谈、考问、考试、演练等。

第三章　评　估　组　织

第十一条　电力企业应当在评估前制定评估工作方案。评估工作方案的内容至少应当包括评估内容、评估组专家信息、评估期间日程安排、电力企业参与评估及配合人员安排等。

第十二条　电力企业可自行或委托第三方机构组建评估工作组，工作组由不少于 5 名评估人员（含 1 名组长）组成。评估工作组中应当至少包含 1 名电力安全应急专家库中的专家，且选用专家须为非被评估单位人员。

第十三条　评估工作应当严格依据评分标准对各项指标进行评分，逐级汇总并转化为得分率。评估工作组应当对评估结果的真实性负责。

第十四条　评估结果应当根据评估得分率确定，分为合格、不合格。评估得分率在 80% 以上的为合格，得分率在 80% 以下的为不合格。

第十五条　评估工作结束后，电力企业应当及时组织编制应急能力建设评估报告。评估结果为合格的，电力企业应当在 30 日内将评估报告直接报送国家能源局派出机构和地方电力管理部门；评估结果为不合格的，电力企业应当根据专家组意见进行整改并重新组织评估，合格后再将评估报告和整改计划一并报送国家能源局派出机构和地方电力管理部门。

第四章　评 估 结 果 应 用

第十六条　全国电力安委会企业成员单位、国家能源局派出机构、地方电力管理部门应当于每年 1 月底前，将本系统、本地区上一年度应急能力建设评估工作情况报送国家能源局。

第十七条 国家能源局研究推进应急能力评估信息化平台建设、应用及数据共享工作。国家能源局派出机构、地方电力管理部门根据评估工作情况，可以选择应急能力评估得分率较高的电力企业推广交流经验，促进提高应急能力建设水平。

第十八条 电力企业应当总结评估工作经验，发现问题及时整改，强化闭环管理，完善制度体系，将应急能力建设评估与安全生产标准化、风险分级管控和隐患排查治理等有机结合，不断强化电力安全生产与应急管理工作。

第五章 监 督 管 理

第十九条 国家能源局派出机构、地方电力管理部门应当将应急能力建设评估情况纳入安全生产监管范围，重点对评估结果不合格的电力企业应急能力建设工作加强监督管理。根据电力应急管理工作需要，可将其他电力企业纳入本办法适用范围。

第二十条 国家能源局及其派出机构、地方电力管理部门应当不定期对应急能力建设评估报告进行抽查与复核。经抽查与复核发现评估报告与实际不符，应急能力未达到有关规定的要求，相关电力企业应当限期改正或者重新评估，并在 30 日内提交整改报告。

第二十一条 国家能源局及其派出机构、地方电力管理部门对评估报告弄虚作假、评估工作不按规定开展的电力企业，应当采取约谈、通报等方式督促整改；情节严重的，应当按照相关规定给予处理。

第六章 附   则

第二十二条 本办法由国家能源局负责解释。

第二十三条 本办法自 2021 年 1 月 1 日起施行。

生产安全事故应急演练评估规范

1　范围

本标准规定了生产安全事故应急演练评估（以下简称演练评估）的目的、内容、方法与工作程序。

本标准适用于针对生产安全事故应急演练所开展的评估活动。演练评估工作的组织及实施可根据演练内容、演练形式、演练规模和复杂程度参照本标准进行。

2　规范性引用文件

下列文件对于本标准的应用是必不可少的。凡是注日期的引用文件，仅注日期的版本适用于本文件。凡是不注日期的引用文件，其最新版本（包括所有的修改单）适用于本文件。

GB/T 29639—2013　生产经营单位生产安全事故应急预案编制导则

AQ/T 9007　生产安全事故应急演练指南

3　术语和定义

下列术语和定义适用于本文件。

3.1　应急演练 emergency exercise

针对可能发生的事故情景，依据应急预案而模拟开展的应急活动。

［GB/T 29639—2013，定义 3.5］

3.2　应急演练评估 emergency exercise evaluation

围绕演练目标和要求，对参演人员表现、演练活动准备及其组织实施过程作出客观评价，并编写演练评估报告的过程。

3.3 演练情景 exercise scenario

根据应急演练的目标要求，按照事故发生与演变的规律，事先假设的事故发生发展过程，描述事故发生的时间、地点、状态特征、波及范围、周边环境、可能的后果以及随时间的演变进程等内容。

3.4 相关方 interested party

与应急演练单位应急救援工作成效有关或受其事故影响的个人或团体。

4 总则

4.1 评估目的

通过评估发现应急预案、应急组织、应急人员、应急机制、应急保障等方面存在的问题或不足，提出改进意见或建议，并总结演练中好的做法和主要优点等。

4.2 评估依据

主要依据以下内容：

a）有关法律、法规、标准及有关规定和要求；

b）演练活动所涉及的相关应急预案和演练文件；

c）演练单位的相关技术标准、操作规程或管理制度；

d）相关事故应急救援典型案例资料；

e）其他相关材料。

4.3 评估原则

实事求是、科学考评、依法依规、以评促改。

4.4 评估程序

评估准备、评估实施和评估总结。

4.5　评估组

4.5.1　构成

评估组由应急管理方面专家和相关领域专业技术人员或相关方代表组成，规模较大、演练情景和参演人员较多或实施程序复杂的演练，可设多级评估，并确定总体负责人及各小组负责人。

4.5.2　职责

负责对演练准备、组织与实施等进行全过程、全方位地跟踪评估。演练结束后，及时向演练单位或演练领导小组及其他相关专业工作组提出评估意见、建议，并撰写演练评估报告。

5　演练评估准备

5.1　成立评估机构和确定评估人员

按照 4.5 的要求，成立演练评估组和确定评估人员，评估人员应有明显标识。

5.2　演练评估需求分析

制定演练评估方案之前，应确定评估工作目的、内容和程序。

5.3　演练评估资料的收集

依据 4.2 的要求，收集演练评估所需要的相关资料和文件。

5.4　选择评估方式和方法

演练评估主要是通过对演练活动或参演人员的表现进行的观察、提问、听对方陈述、检查、比对、验证、实测而获取客观证据，比较演练实际效果与目标之间的差异，总结演练中好的做法，查找存在的问题。

演练评估应以演练目标为基础，每项演练目标都要设计合理的评估项目方法、标准。根据演练目标的不同，可以用选择项（如：是/否判断，多项选择）、评分（如：0－缺项、1－较差、3－一般、

5－优秀）、定量测量（如：响应时间、被困人数、获救人数）等方法进行评估。

5.5　编写评估方案和评估标准

5.5.1　编写评估方案

内容通常包括：

——概述：演练模拟的事故名称、发生的时间和地点、事故过程的情景描述、主要应急行动等；

——目的：阐述演练评估的主要目的；

——内容：演练准备和实施情况的评估内容；

——信息获取：主要说明如何获取演练评估所需的各种信息；

——工作组织实施：演练评估工作的组织实施过程和具体工作安排；

——附件：演练评估所需相关表格等。

注：该部分内容引自 AQ/T 9007。

5.5.2　制定评估标准

演练评估组召集有关方面和人员，根据演练总体目标和各参演机构的目标，以及具体演练情景事件、演练流程和保障方案，明确演练评估内容及要求。演练评估参照本标准附录 A、B 事先制定好演练评估表格，包括演练目标、评估方法、评估标准和相关记录项等。

5.6　培训评估人员

演练评估人员应听取演练组织或策划人员介绍演练方案以及组织和实施流程，并可进行交互式讨论，进一步明晰演练流程和内容。同时，评估组内部应围绕以下内容那个开展内部专题培训：

a）演练组织和实施的相关文件；

b）演练评估方案；

c）演练单位的应急预案和相关管理文件；

d）熟悉演练场地，了解有关参演部门和人员的基本情况、相关演练设施，掌握相关技术处置标准和方法；

e）其他有关内容。

5.7　准备评估材料、器材

根据演练需要，准备评估工作所需的相关材料、器材，主要包括演练评估方案文本、评估表格、记录表、文具、通信设备、计时设备、摄像或录音设备、计算机或相关评估软件等。

6　演练评估实施

6.1　评估人员就位

根据演练评估方案安排，评估人员提前就位，做好演练评估准备工作。

6.2　观察记录和收集数据、信息和资料

演练开始后，演练评估人员通过观察、记录和收集演练信息和相关数据、信息和资料，观察演练实施及进展、参演人员表现等情况，及时记录演练过程中出现的问题。在不影响演练进程的情况下，评估人员可进行现场提问并做好记录。

6.3　演练评估

根据演练现场观察和记录，依据制定的评估表，逐项对演练内容进行评估，及时记录评估结果。

7　演练评估总结

7.1　演练点评

演练结束后，可选派有关代表（演练组织人员、参演人员、评估人员或相关方人员）对演练中发现的问题及取得的成效进行现场

点评。

7.2 参演人员自评

演练结束后，演练单位应组织各参演小组或参演人员进行自评，总结演练中的优点和不足，介绍演练收获及体会。演练评估人员应参加参演人员自评会并做好记录。

7.3 评估组评估

参演人员自评结束后，演练评估组负责人应组织召开专题评估工作会议，综合评估意见。评估人员应根据演练情况和演练评估记录发表建议并交换意见，分析相关信息资料，明确存在问题并提出整改要求和措施等。

7.4 编制演练评估报告

7.4.1 报告编写要求

演练现场评估工作结束后，评估组针对收集的各种信息资料，依据评估标准和相关文件资料对演练活动全过程进行科学分析和客观评价，并撰写演练评估报告，评估报告应向所有参演人员公示。

7.4.2 报告主要内容

内容通常包括：

——演练基本情况：演练的组织及承办单位、演练形式、演练模拟的事故名称、发生的时间和地点、事故过程的情景描述、主要应急行动等；

——演练评估过程：演练评估工作的组织实施过程和主要工作安排；

——演练情况分析：依据演练评估表格的评估结果，从演练的准备及组织实施情况、参演人员表现等方面具体分析好的做法和存在的问题以及演练目标的实现、演练成本效益分析等；

——改进的意见和建议：对演练评估中发现的问题提出整改的

意见和建议；

——评估结论：对演练组织实施情况的综合评价，并给出优（无差错地完成了所有应急演练内容）、良（达到了预期的演练目标，差错较少）、中（存在明显缺陷，但没有影响实现预期的演练目标）、差（出现了重大错误，演练预期目标受到严重影响，演练被迫中止，造成应急行动延误或资源浪费）等评估结论。

7.5 整改落实

演练组织单位应根据评估报告中提出的问题和不足，制定整改计划，明确整改目标，制定整改措施，并跟踪督促整改落实，直到问题解决为止。同时，总结分析存在问题和不足的原因。

附 录 A

（资料性附录）

实 战 演 练 评 估

A.1 准备情况评估

实战演练准备情况的评估可从演练策划与设计、演练文件编制、演练保障 3 个方面进行，具体评估内容参见表 A−1：

表 A−1　　　　　　　　实战演练准备情况评估表

评估项目	评估内容
1. 演练策划与设计	1.1　目标明确且具有针对性，符合本单位实际；
	1.2　演练目标简明、合理、具体、可量化和可实现；
	1.3　演练目标应明确"由谁在什么条件下完成什么任务，依据什么标准，取得什么效果"；
	1.4　演练目标设置是从提高参演人员的应急能力角度考虑；
	1.5　设计的演练情景符合演练单位实际情况，且有利于促进实现演练目标和提高参演人员应急能力；
	1.6　考虑到演练现场及可能对周边社会秩序造成的影响；
	1.7　演练情景内容包括了情景概要、事件后果、背景信息、演化过程等要素，要素较为全面；
	1.8　演练情景中的各事件之间的演化衔接关系科学、合理，各事件有确定的发生与持续时间；

续表

评估项目	评估内容
1. 演练策划与设计	1.9　确定了各参演单位和角色在各场景中的期望行动以及期望行动之间的衔接关系;
	1.10　确定所需注入的信息及其注入形式。
2. 演练文件编制	2.1　制定了演练工作方案、安全及各类保障方案、宣传方案;
	2.2　根据演练需要编制了演练脚本或演练观摩手册;
	2.3　各单项文件中要素齐全、内容合理,符合演练规范要求;
	2.4　文字通顺、语言精练、通俗易懂;
	2.5　内容格式规范,各项附件项目齐全、编排顺序合理;
	2.6　演练工作方案经过评审或报批;
	2.7　演练保障方案印发到演练的各保障部门;
	2.8　演练宣传方案考虑到演练前、中、后各环节宣传需要;
	2.9　编制的观摩手册中各项要素齐全、并有安全告知。
3. 演练保障	3.1　人员的分工明确,职责清晰,数量满足演练要求;
	3.2　演练经费充足,保障充分;
	3.3　器材使用管理科学、规范,满足演练需要;
	3.4　场地选择符合演练策划情景设置要求,现场条件满足演练要求;
	3.5　演练活动安全保障条件准备到位并满足要求;
	3.6　充分考虑演练实施中可能面临的各种风险,制定必要的应急预案或采取有效控制措施;
	3.7　参演人员能够确保自身安全;
	3.8　采用多种通信保障措施,有备份通信手段;
	3.9　对各项演练保障条件进行了检查确认。

A.2　实施情况评估

实战演练准备情况的评估可从预警与信息报告、紧急动员、事故监测与研判、指挥和协调、事故处置、应急资源管理、应急通信、信息公开、人员保护、警戒与管制、医疗救护、现场控制及恢复和其他13个方面进行，具体评估内容参见表A-2：

表A-2 实战演练实施情况评估表

评估项目	评估内容
1. 预警与信息报告	1.1 演练单位能够根据监测监控系统数据变化状况、事故险情紧急程度和发展势态或有关部门提供的预警信息进行预警；
	1.2 演练单位有明确的预警条件、方式和方法；
	1.3 对有关部门提供的信息、现场人员发现险情或隐患进行及时预警；
	1.4 预警方式、方法和预警结果在演练中表现有效；
	1.5 演练单位内部信息通报系统能够及时投入使用，能够及时向有关部门和人员报告事故信息；
	1.6 演练中事故信息报告程序规范，符合应急预案要求；
	1.7 在规定时间内能够完成向上级主管部门和地方人民政府报告事故信息程序，并持续更新；
	1.8 能够快速向本单位以外的有关部门或单位、周边群众通报事故信息
2. 紧急动员	2.1 演练单位能够依据应急预案快速确定事故的严重程度及等级；
	2.2 演练单位能够根据事故级别，启动相应的应急响应，采用有效的工作程序，警告、通知和动员相应范围内人员；
	2.3 演练单位能够通过总指挥或总指挥授权人员及时启动应急响应；
	2.4 演练单位应急响应迅速，动员效果较好；
	2.5 演练单位能够适应事先不通知突袭抽查式的应急演练；
	2.6 非工作时间以及至少有一名单位主要领导不在应急岗位的情况下能够完成本单位的紧急动员
3. 事故监测与研判	3.1 演练单位在接到事故报告后，能够及时开展事故早期评估，获取事件的准确信息；
	3.2 演练单位及相关单位能够持续跟踪、监测事故全过程；
	3.3 事故监测人员能够科学评估其潜在危害性；
	3.4 能够及时报告事态评估信息

续表

评估项目	评估内容
4. 指挥和协调	4.1　现场指挥部能够及时成立，并确保其安全高效运转；
	4.2　指挥人员能够指挥和控制其职责范围内所有的参与单位及部门、救援队伍和救援人员的应急响应行动；
	4.3　应急指挥人员表现出较强指挥协调能力，能够对救援工作全局有效掌控；
	4.4　指挥部各位成员能够在较短或规定时间内到位，分工明确并各负其责；
	4.5　现场指挥部能够及时提出有针对性的事故应急处置措施或制定切实可行的现场处置案并报总指挥部批准；
	4.6　指挥部重要岗位有后备人选，并能够根据演练活动的进行合理轮换；
	4.7　现场指挥部制定的救援方案科学可行，调集了足够的应急救援资源和装备（包括专业救援人员和相关装备）；
	4.8　现场指挥部与当地政府或本单位指挥中心信息畅通，并实现信息持续更新和共享；
	4.9　应急指挥决策程序科学，内容有预见性、科学可行；
	4.10　指挥部能够对事故现场有效传达指令，进行有效管控；
	4.11　应急指挥中心能够及时启用，各项功能正常、满足使用
5. 事故处置	5.1　参演人员能够按照处置方案规定或在指定的时间内迅速达到现场开展救援；
	5.2　参演人员能够对事故先期状况做出正确判断，采取的先期处置措施科学、合理，处置结果有效；
	5.3　现场参演人员职责清晰、分工合理；
	5.4　应急处置程序正确、规范，处置措施执行到位；
	5.5　参演人员之间有效联络，沟通顺畅有效，并能够有序配合，协同救援；
	5.6　事故现场处置过程中，参演人员能够对现场实施持续安全监测或监控；
	5.7　事故处置过程中采取了措施防止次生或衍生事故发生；
	5.8　针对事故现场采取必要的安全措施，确保救援人员安全

评估项目	评估内容
6. 应急资源管理	6.1 根据事态评估结果，能够识别和确定应急行动所需的各类资源，同时根据需要联系资源供应方；
	6.2 参演人员能够快速、科学使用外部提供的应急资源并投入应急救援行动；
	6.3 应急设施、设备、器材等数量和性能够满足现场应急需要；
	6.4 应急资源的管理和使用规范有序，不存在浪费情况
7. 应急通信	7.1 通信网络系统正常运转，通信能力能够满足应急响应的需求；
	7.2 应急队伍能够建立多途径的通信系统，确保通信畅通；
	7.3 有专职人员负责通信设备的管理；
	7.4 应急通信效果良好，演练各方通信信息顺畅
8. 信息公开	8.1 明确事故信息发布部门、发布原则，事故信息能够由现场指挥部及时准确向新闻媒体通报；
	8.2 指定了专门负责公共关系的人员，主动协调媒体关系；
	8.3 能够主动就事故情况在内部进行告知，并及时通知相关方（股东/家属/周边居民等）；
	8.4 能够对事件舆情持续监测和研判，并对涉及的公共信息妥善处置
9. 人员保护	9.1 演练单位能够综合考虑各种因素并协调有关方面确保各方人员安全；
	9.2 应急救援人员配备适当的个体防护装备，或采取了必要自我安全防护措施；
	9.3 有受到或可能受到事故波及或影响的人员的安全保护方案；
	9.4 针对事件影响范围内的特殊人群，能够采取适当方式发出警告并采取安全防护措施
10. 警戒与管制	10.1 关键应急场所的人员进出通道受到有效管制；
	10.2 合理设置了交通管制点，划定管制区域；
	10.3 各种警戒与管制标志、标识设置明显，警戒措施完善；
	10.4 有效控制出入口，清除道路上的障碍物，保证道路畅通

续表

评估项目	评估内容
11. 医疗救护	11.1 应急响应人员对受伤害人员采取有效先期急救，急救药品、器材配备有效；
	11.2 及时与场外医疗救护资源建立联系求得支援，确保伤员及时得到救治；
	11.3 现场医疗人员能够对伤病人员伤情作出正确诊断，并按照既定的医疗程序对伤病人员进行处置；
	11.4 现场急救车辆能够及时准确地将伤员送往医院，并带齐伤员有关资料
12. 现场控制及恢复	12.1 针对事故可能造成的人员安全健康与环境、设备与设施方面的潜在危害，以及为降低事故影响而制定的技术对策和措施有效；
	12.2 事故现场产生的污染物或有毒有害物质能够及时、有效处置，并确保没有造成二次污染或危害；
	12.3 能够有效安置疏散人员，清点人数，划定安全区域并提供基本生活等后勤保障；
	12.4 现场保障条件满足事故处置、控制和恢复的基本需要
13. 其他	13.1 演练情景设计合理，满足演练要求；
	13.2 演练达到了预期目标；
	13.3 参演的组成机构或人员职责能够与应急预案相符合；
	13.4 参演人员能够按时就位、正确并熟练使用应急器材；
	13.5 参演人员能够以认真态度融入到整体演练活动中，并及时、有效地完成演练中应承担的角色工作内容；
	13.6 应急响应的解除程序符合实际并与应急预案中规定的内容相一致；
	13.7 应急预案得到了充分验证和检验，并发现了不足之处；
	13.8 参演人员的能力也得到了充分检验和锻炼

附 录 B
（资料性附录）
桌 面 演 练 评 估

桌面演练的评估可从演练策划与准备、演练实施 2 个方面进行，具体评估内容参见表 B-1：

表 B-1　　　　　　　　　　桌面演练评估表

评估项目	评估内容
1. 演练策划与准备	1.1　目标明确且具有针对性，符合本单位实际；
	1.2　演练目标简单、合理、具体、可量化和可实现；
	1.3　设计的演练情景符合参演人员需要，且有利于促进实现演练目标和提高参与人员应急能力；
	1.4　演练情景内容包括了情景概要、事件后果、背景信息、演化过程等要素，要素较为全面；
	1.5　演练情景中的各事件之间的演化衔接关系设置科学、合理，各事件有确定的发生与持续时间；
	1.6　确定了各参演单位和角色在各场景中的期望行动以及期望行动之间的衔接关系；
	1.7　确定所需注入的信息及其注入形式；
	1.8　制定了演练工作方案，明确了参演人员的角色和分工；
	1.9　演练活动保障人员数量和工作能力满足桌面演练需要；
	1.10　演练现场布置、各种器材、设备等硬件条件满足桌面演练需要
2. 演练实施	2.1　演练背景、进程以及参演人员角色分工等解说清晰正确；
	2.2　根据事态发展，分级响应迅速、准确；
	2.3　模拟指挥人员能够表现出较强指挥协调能力，演练过程中各项协调工作全局有效掌控；
	2.4　按照模拟真实发生的事件表述应急处置方法和内容；

续表

评估项目	评估内容
2. 演练实施	2.5　通过多媒体文件、沙盘、信息条等多种形式向参演人员展示应急演练场景，满足演练要求；
	2.6　参演人员能够准确接收并正确理解演练注入的信息；
	2.7　参演人员根据演练提供的信息和情况能够做出正确的判断和决策；
	2.8　参演人员能够主动搜集和分析演练中需要的各种信息；
	2.9　参演人员制定的救援方案科学可行，符合给出实际事故情况处置要求；
	2.10　参演人员应急过程中的决策程序科学，内容有预见性、科学可行；
	2.11　参演人员能够依据给出的演练情景快速确定事故的严重程度及等级；
	2.12　参演人员能够根据事故级别，确定启动的应急响应级别，并能够熟悉应急动员的方法和程序；
	2.13　参演人员能够熟悉事故信息的接报程序、方法和内容；
	2.14　参演人员熟悉各自应急职责，并能够较好配合其他小组或人员开展工作；
	2.15　参与演练各小组负责人能够根据各位成员意见提出本小组的统一决策意见；
	2.16　参演人员对决策意见的表达思路清晰、内容全面；
	2.17　参演人员做出的各项决策、行动符合角色身份要求；
	2.18　参演人员能够与本应急小组人员共享相关应急信息；
	2.19　应急演练能够全身心地参与到整个演练活动中；
	2.20　演练的各项预定目标都得以顺利实现